第二次全国污染源普查
农业源知识问答

毛玉如　邱文婷　刘孝富　刘晨峰　编

中国环境出版集团·北京

图书在版编目（CIP）数据

第二次全国污染源普查农业源知识问答 / 毛玉如等 编. -- 北京 : 中国环境出版集团, 2020.5

ISBN 978-7-5111-4336-5

Ⅰ. ①第… Ⅱ. ①毛… Ⅲ. ①农业污染源－污染源调查－中国－问题解答 Ⅳ. ①X501-44

中国版本图书馆CIP数据核字(2020)第076506号

出 版 人 武德凯
责任编辑 曲　婷
责任校对 任　丽
装帧设计 艺友品牌

出版发行 中国环境出版集团
（100062 北京市东城区广渠门内大街16号）
网　址：http://www.cesp.com.cn
电子邮箱：bjgl@cesp.com.cn
联系电话：010-67112765（编辑管理部）
010-67112736（第五分社）
发行热线：010-67125803，010-67113405（传真）
印　　刷 北京中献拓方科技发展有限公司
经　　销 各地新华书店
版　　次 2020年5月第1版
印　　次 2020年5月第1次印刷
开　　本 787×1092 1／32
印　　张 3
字　　数 75千字
定　　价 25.00元

编委会

EDITORIAL BOARD

前 言

PREFACE

第二次全国污染源普查是根据《全国污染源普查条例》规定，每10年开展一次的全国范围内污染源普查工作。全国污染源普查是重大的国情调查，是环境保护的基础性工作，其中农业源是整个普查的重要组成部分。为确保农业源入户普查工作的顺利开展，有效指导入户调查普查表各项指标的规范填写，生态环境部第二次全国污染源普查工作办公室组织编写了《第二次全国污染源普查农业源知识问答》。本手册主要介绍了普查报表主要指标的填报要求以及数据审核与上报的注意事项，汇总了地方提出的典型问题和答疑，希望对大家有所帮助。

全书共9章，在生态环境部第二次全国污染源普查工作办公室的指导下，由中国环境科学研究院邱文婷、刘孝富、刘晨峰等人共同编写。参加编写人员及分工如下：第一章由沈忱、黄宏坤编写；第二章由邱文婷、朱志平编写；第三章由邱文婷、何文清编写；第四章由刘晨峰、翟丽梅编写；第五章由刘孝富、王亚静编写；第六章由刘晨峰、田宜水编写；第七章由刘孝富、赵兴征编写；第八章由刘柏音、罗镭、白杨编写；第九章由王莹、张志苗、雷琼晔编写。全书由邱文婷和刘孝富负责统稿和总体设计。

本书编写过程中得到了诸多单位的支持和帮助。感谢中国农业科学院农业环境与可持续发展研究所，中国农业科学院农业资源与农业区划研究所，农业农村部规划设计研究院，农业农村部农业生态与资源保护总站。在此谨表谢意。

由于编者水平有限，实践经验不足，书中疏漏之处在所难免，真诚欢迎读者批评指正。

编者

目 录
CONTENTS

第一章　农业污染源的背景知识 01

1 什么是农业污染？ 02
2 农业污染的特点是什么？ 02
3 农业污染产生的原因有哪些？ 02
4 农业污染的影响及危害有哪些？ 03
5 农业污染源有哪些分类？ 04
6 我国农业污染源排放的污染物种类有哪些？ 04

第二章　农业源普查基本情况 05

7 农业源普查目标是什么？ 06
8 农业源普查对象是什么？ 06
9 农业源普查污染物指标有哪些？ 06
10 第二次全国污染源普查农业源报表制度包括哪些调查表，填报主体是谁？ 07
11 不进入水体的农业源需要调查吗？ 07
12 普查表下方签字的三人如何界定？两员填在哪？两人同时入户，两人是指哪两个人？ 07
13 2018 年 1 月 1 日后关闭的企业如何处理？还需填报表吗？ 08
14 农业合作社养殖单位，合作社由多个养殖户组构，且部分在规模以下，在填表时以合作社形式填报还是以单个养殖户填报？ 08

第三章 N101-1 表数据采集与填报 09

15 第二次全国污染源普查中畜禽规模养殖场是如何界定的？ 10
16 指标序号 01. 统一社会信用代码从哪里查，如果没有代码怎么填？ 10
17 指标序号 06. 企业地理坐标，填写圈舍坐标还是养殖场大门坐标？ 12
18 指标序号 08. 养殖种类，如果同一个养殖场养两种及以上畜禽，需要填几张表？ 12
19 种畜禽场如何填报？ 12
20 指标序号 09. 圈舍清粪方式，具体如何判定？如出现多种方式，如何填写？ 12
21 养猪场尿液与粪便使用水冲粪方式，是否将尿液和粪便分开填报？ 13
22 漏缝地板等粪尿一同清出的方式，清粪方式如何填报？粪污处理相关指标如何填报？ 13
23 指标序号 10. 圈舍通风方式，如果是封闭式通风，对于有窗户的养殖场在夏季、冬季是有区别的，如何填报？ 14
24 有些企业的圈舍通风方式为半开放式，到冬天会放下卷帘，如何填报？ 14
25 养殖种类多于两种的养殖场有关清粪方式、通风方式等单选指标如何填报？ 14
26 指标编号 11. 原水存储设施的定义是什么？ 14
27 部分养殖场采用自备井水，没有严格统计用水量也没有水票等佐证材料，养殖场口述是否可以采信？ 14
28 圈舍垫草垫料和高床养殖是否有污水？需不需填原水存储和尿液废水处理栏？ 15
29 指标编号 11. 原水存储设施、12. 尿液废水处理工艺、13. 尿液废水处理设施，各种设施、工艺是否需要拍照展示？ 15
30 “13. 尿液废水处理设施”和“14. 尿液废水处理利用方式及比例”，经现场核实，养鸡场没有尿液，该项针对养鸡场可否空缺？ 15
31 指标编号 14. 尿液废水处理利用方式及比例中的肥水利用是什么方式？ 15

32 尿液废水处理利用方式及比例需要计算蒸发量吗？百分比是否为估算？……16
33 指标编号15. 粪便存储设施的单位问题：如果是干粪，用的是“凉粪棚”，单位只能用平方米；如果干湿分离就是粪便储存池，单位为立方米，能否将该项修改为“储存池／凉粪棚”？……16
34 指标编号16. 粪便处理工艺，部分养殖场猪粪或者鸡粪由相关公司回收或当地居民运走作为农肥，这种处理工艺如何填写？……16
35 指标编号17. 粪便处理利用方式及比例，规模畜禽养殖场的场主可以提供收据，但是不能提供相应的佐证材料，是否可以采纳？对于养殖场对粪便进行简单堆肥后外售的该如何选择？……17
36 指标编号17. 粪污利用方式中的委托处理概念是否要跟农业部资源化利用统计统一起来？资源化利用统计的委托处理是专指委托给有资质的粪污处理专业机构处理，卖给种植户的是否属于委托处理？……17
37 指标编号18. 污水排放受纳水体，部分是通过小沟排放到无名水渠、池塘的，该部分如何填写水体名称？……17
38 指标编号19. 养殖场是否有锅炉，部分养殖场存在不规范的“土锅炉”，仅在极寒天气燃烧供畜禽取暖，是否需要填写《非工业企业单位锅炉污染及防治情况表S103》？……18
39 养殖业污染源普查中统计的饲养周期是动物一生还是一年内的饲养周期？……18
40 能繁母猪未纳入规模畜禽养殖场入户调查表中饲养阶段名称，如何填写饲养阶段？……18
41 畜禽养殖业污染普查中统计各阶段动物的体重范围和采食量的目的是什么？……18
42 指标编号24. 采食量，部分养殖场仅能口述，没有进货台账，是否可信？……19
43 养殖场同一动物，涉及采食多种种类，采食量需要记录多种食物的和吗？……19

第四章 N101-2 表数据采集与填报……20

44 “一、圈舍建筑面积”，请问圈舍包括哪些内容？是否包括与之配套的仓库、办公设施等？……21

45 “二、养殖量”，对于种畜禽场（含猪、牛、鸡）的出栏量如何核算？ 21
46 畜禽规模养殖场无年末存栏量，按2017年度平均存栏量填写。2017年度平均存栏量如何计算？是分母除以12个月还是除以4个季度？ 21
47 “三、污水产生量”的计算能否参照农业部直联直报系统设定的公式？ 22
48 污水粪便产生量是按参数计算，还是养殖户自己估计？ 22
49 污水利用量和粪便利用量是否和农田面积有对应关系？ 22
50 “三、污水和粪便产生及利用情况”，产生量和利用量是直接让普查对象填，还是根据产排污系数核算？ 22
51 “四、养殖场粪污利用配套农田和林地面积”如何区别？ 23
52 粪污水浇入周边田块，水是流动性的，面积可大可小，如何精确界定小麦、玉米面积？ 23
53 土地综合利用零排放是否需要普查？ 23
54 填写配套农业面积时，如遇到口头协议、销售或者免费送人等情况，该如何处理？ 23
55 养殖场粪污全部让第三方处理公司收集处理，养殖场粪污利用配套土地是否还需要填写？ 24
56 粪便利用方式和利用比例是否必须签订合同，无合同但有利用该如何界定？ 24
57 有的养殖场将部分污水外委给专人收集，收集人将粪污外运到其他地区后，再倒入其他地区农田，其他地区被浇入粪污水的农田是否算作配套农田？ 24
58 养鸡场同时养鱼，用鸡粪肥水来养鱼的，这种消纳方式如何填写配套面积？ 24

第五章 N201表数据采集与填报 25

59 如果表格有多家单位填写，综合机关名称（盖章）盖什么章？... 26
60 有的区县耕地面积不足一万亩，是否需要填报县级种植业普查表？ 26
61 作物种类有哪几类？ 26

62 什么是规模种植? 26
63 种植业三张表(N201-1,N201-2,N201-3)没有涉及空间信息是否需要配手持设备?通过纸质表和专网填报可否? 27
64 “三、规模种植主体情况”,种植业N201-2中蔬菜面积是否包括菜用瓜? 27
65 “五、地膜回收利用总量”,如果卖给回收公司的,是否算作利用? 27
66 N201-1中地膜回收企业的规模或者资质是否有要求? 27
67 如遇到《农业统计年鉴》与实际掌握量不同时,以哪个数据为准?例如农膜使用量和农膜回收利用量,《农业统计年鉴》上报数据与农业部门实际掌握数据不同,以哪种数据为准? 28
68 “七、秸秆规模化利用情况”秸秆利用企业规模有没有要求? ..28
69 是否可能存在本县地膜回收企业处理了他县回收地膜,导致对单个县域来讲可能回收利用面积大于回收面积? 28
70 针对地膜普查,是否所有农业县都填生态环境部统一表?抽样调查县和原位监测县除了填生态环境部的表,还需要填地膜方案中的县域调查表吗? 28
71 秸秆直接还田,在表格里怎么填写? 29
72 秸秆表格里统计的作物有没有下限范围,是种了都要统计吗,还是有一定规模的范围? 29
73 秸秆统计的作物范围是否仅限于表格里的作物,部分地区如安徽亳州主要种植药材,秸秆产生量是否要统计,还有一些小作物如芝麻类的,是否要设置其他类? 29
74 秸秆表格的各类指标值,是填比例还是真利用吨数?如果填吨数有没有体现秸秆可收集资源量? 29
75 种植业肥料利用数量(肥料化)是否包括直接还田? 29

第六章 N202表数据采集与填报 31

76 “一、养殖户情况”中01养殖户数量如何填写? 32
77 畜牧生产行业数据与统计部门数据是有一些偏差的,但是规模统计数据仅在行业统计数据中有所体现,那N202表数据应该与畜牧行业数据衔接吗? 32

78 县（区、市、旗）规模以下养殖户养殖量及粪污处理情况表N202，本表说明中，1－本表数据由县（区、市、旗）畜牧部门根据统计数据填报。是统计部门的数据还是畜牧部门年报中的数据？...32
79 “三、粪污处理利用方式”中指标编号10～17如何填写？...32
80 “四、污水处理利用方式”中指标编号18～25如何填写？...33
81 “五、粪污处理利用配套农田和林地种植／播种面积”中指标编号26～31分别填写什么面积？...33

第七章 N203表数据采集与填报...34

82 农业污染源入户普查表格是统一下发还是自己印制？...35
83 水产养殖的模式有哪些？...35
84 水产养殖业针对的水域范围是什么，鱼塘或封闭的水体需要调查吗？...35
85 “一、池塘养殖”，北方池塘养殖鱼是混合养殖，如何确定每种养殖品种的养殖面积？...35
86 一个鱼塘中养多种鱼怎么判断不同种类鱼的饲养及排污情况？...36
87 “八、养殖情况统计”，水产养殖表格里的养殖户养殖规模有没有下限要求？...36

第八章 数据审核与上报...37

88 农业源普查表填报、录入和审核流程是什么？...38
89 第二次全国污染源普查农业源报表是由省（自治区、直辖市）普查办上报，还是由农业部门上报？...38
90 县（区、市、旗）主管部门填报的普查表有哪些报送要求？...39
91 县（区、市、旗）主管部门填报的普查表如何审核？...39
92 规模养殖场入户报表的审核工作如何开展？...39
93 对于基表的审核规则有哪些？...39

第九章　其他相关问题 42

94　如何选调和培训农业源普查员？ 43
95　农业源普查员和普查指导员的职责和权利是什么？ 43
96　畜禽废气如何普查，需要地方做什么工作？ 44
97　如何界定废水不外排？ 44
98　因非洲猪瘟问题非常严重，传染途径在场外也有可能发生，养殖场现场填表如何开展？ 45
99　手持终端里的 App 是包括全部内容，还是专门供农业部门使用的农业部分？ 45
100　没有建制的区，比如很多新区、功能区，是县级区，但没有行政区划代码，是否需要填县级普查表？ 45
101　县（区、市、旗）填报的普查指标如无统计数据该如何处理？ 45
102　农业源普查经费是通过什么渠道拨付的？ 45
103　由于经费原因，普查员不能全部配备移动终端，是否可填报纸质表，电脑录入？农业部门手机 App 和移动终端采集两者如何分工衔接？ 46

附　件 47

附件一　农业污染源普查技术规定 47
附件二　报表制度与指标说明 51
规模畜禽养殖场基本情况（N101-1 表） 51
规模畜禽养殖场养殖规模及粪污处理情况（N101-2 表） 56
县（区、市、旗）种植业基本情况（N201-1 表） 59
县（区、市、旗）种植业播种、覆膜与机械收获面积情况（N201-2 表） 65
县（区、市、旗）农作物秸秆利用情况（N201-3 表） 68
县（区、市、旗）规模以下养殖户养殖量及粪污处理情况（N202 表） 70
县（区、市、旗）水产养殖基本情况（N203 表） 74
养殖品种名称与代码对应表 76

第一章 农业污染源的背景知识

1 什么是农业污染？

答： 在农业生产过程中产生的，未经合理处置的污染物对水体、土壤和空气及农产品造成的污染。包括农业生产过程中不合理使用而流失的农药、化肥，残留在农田中的农用薄膜和处置不当的农业畜禽粪便、恶臭气体以及不科学的水产养殖等产生的水体污染物。

2 农业污染的特点是什么？

答： 一是排放的非主观性。农业污染排放多为生产投入品（如农药、化肥等）的排放，农户没有排放的主观性，在生产过程中多属于无意识排放。

二是污染物具有资源性。农业排放的主要污染物是氮、磷等营养物质。

三是广泛性和不易监测性。农业污染涉及多个污染源，在特定区域内的排放又是相互交叉的，加之地理、气象、水文条件对污染物的迁移转化影响很大，因此很难具体监测到单个污染源的排放量。

四是进入环境的过程具有间接性。农业污染物一般先经过自然植被带缓冲，再通过地表径流或地下淋溶等途径进入水体。

五是排放形式具有随机性和不确定性。农业污染影响因素很多，如农田氮、磷的流失受到降水量、温度、湿度等气候条件，地形地貌、种植模式等环境条件，农业化学投入品数量、施用方式、时间等综合因素的影响，排放方式难以确定。

3 农业污染产生的原因有哪些？

答： 一是农药、化肥和地膜使用不当。在农业生产过程中，因不合理使用而流失的农药、化肥和农田中残留的地膜会产生水体和土壤污染物，造成水体和土壤生态环境的严重恶化。

二是有机废弃物处理利用率低。我国农业污染量占比大且无害化处理率极低，有机废弃物携带大量的寄生虫卵、大肠杆菌等病原微生物，绝大部分未经任何处理就直接排放。

三是农业工业化污染加剧。农业工业化是指运用工业化理念来谋划农业发展。农业工业化环境污染的加剧主要体现在两个方面：①农业生产过程中引入农业机械、化肥、农药、农膜等工业生产要素。②对农业生产结果进行工业化深加工会产生工业废弃物。

四是工业及城市污染向农村转移。这种转移与农业生产污染叠加，导致农村环境污染程度更加严重，并首先使农民成为污染损害结果的最大受害群体。

4 农业污染的影响及危害有哪些？

答：一是污染水体环境。过度和不合理施用农药、化肥，畜禽养殖粪污处理不当，导致大量的氮、磷和有害物质进入河流、湖泊、水库等地表水体，使水域生态系统富营养化。污染物随渗滤、淋溶等途径污染地下水体，危害饮用水安全。

二是污染空气质量。秸秆焚烧，种植业、养殖业氨排放，养殖业恶臭等产生的二氧化碳（CO_2）、二氧化硫（SO_2）、甲烷（CH_4）、一氧化二氮（N_2O）和颗粒物等污染物会污染空气质量并引发温室效应。

三是污染农田土壤环境。农药及化学肥料中含的铜、汞、砷等重金属在土壤中累积，导致土壤重金属含量过高。过度施用农药会影响土壤微生物的生存，致使土壤肥力下降。农膜在土壤中逐年累积会影响土壤孔隙连续性和土壤中的根系连通，降低土壤抗旱能力，影响作物吸收土壤中的水分和养分。

四是影响农村生态环境。水体缺氧、变质，浮游生物大量繁殖，河道淤堵，耐污物种暴发，水生生物死亡，水生态系统失衡，影响农村居民的生活环境质量。

5 农业污染源有哪些分类?

答：一是按照农业经营活动，分为种植业、畜禽养殖、水产养殖污染源。种植业污染源主要包括农用化肥、农药、农膜和秸秆等；畜禽养殖污染主要是指在养殖牲畜禽的过程中产生的粪污因处理不当引起环境污染；水产养殖污染主要是指在水产养殖过程中，采用高密度放养、大量施肥投饵、滥用药物等行为产生的养殖废水。

二是按照环境要素分为水、大气、固体废物污染源。水污染源主要是指大量农药、化肥等。它们随地表径流和地下渗漏流入水体，随之流失的氮、磷、钾营养元素引起水体污染；大气污染源主要指的是农业生产过程中产生的有害气体，如喷洒农药而产生的粉尘和雾滴、畜禽粪污堆放不当产生的恶臭等；固体废物污染源主要指的是农业生产过程中产生的固体废弃物，如农田和果园残留物、牲畜和家禽粪便以及栏圈铺垫物、农产品加工废弃物等。

三是按照污染源类型分为点源和面源污染。农业点源污染主要是指有固定排放点的污染源，如规模化畜禽养殖场等；农业面源污染主要指的是农田中农药、化肥及其他污染物，在降水或灌溉过程中，通过农田地表径流和地下渗漏，进入水体而形成的面源污染。

6 我国农业污染源排放的污染物种类有哪些?

答：我国农业污染源排放的污染物主要产生于种植业、畜禽养殖业和水产养殖业等农业生产活动。污染物种类包括化学需氧量（COD）、氨氮、总磷、总氮、苯、细菌、需氧物质、重金属等。

第二章 农业源普查基本情况

7 农业源普查目标是什么？

答：农业源普查是以国家生态文明建设为导向，以促进农业生产健康良性发展和农村生态环境持续改善为目标，全面了解现阶段农业生产活动条件下农业源污染物的数量、结构和分布状况等基本信息；全面查清国家、区域及流域尺度各类农业源污染物的产生量、排放量；建立全国污染源普查农业源基础数据库，实现数据共享使用，充分发挥污染源普查促进农村经济发展和生态环境保护的基础支撑作用。

8 农业源普查对象是什么？

答：一是种植业生产活动、氮、磷等产生及排放情况，秸秆产生量和利用量，地膜使用量、残留量及回收量；

二是畜禽养殖业生产活动、主要污染物产生和排放量，纳入登记调查的规模养殖企业基本情况、污染治理与粪污资源化利用情况；

三是水产养殖业生产活动、主要污染物产生和排放情况。

9 农业源普查污染物指标有哪些？

答：种植业：总氮（TN）、总磷（TP）、氨氮（NH_3-N）、秸秆、地膜等；

畜禽养殖业：畜禽养殖粪便、污水、化学需氧量（COD）、总氮（TN）、总磷（TP）、氨氮（NH_3-N）等；

水产养殖业：化学需氧量（COD）、总氮（TN）、总磷（TP）、氨氮（NH_3-N）。

10　第二次全国污染源普查农业源报表制度包括哪些调查表，填报主体是谁？

答：第二次全国污染源普查农业源普查共有 7 张调查表，其中入户调查表 2 张：《规模畜禽养殖场基本情况》（N101-1 表）、《规模畜禽养殖场养殖规模与粪污处理情况》（N101-2 表），规模畜禽养殖场负责填报。区域综合调查表 5 张：《县（区、市、旗）种植业基本情况》（N201-1 表）、《县（区、市、旗）种植业播种、覆膜与机械收获面积情况》（N201-2 表）、《县（区、市、旗）农作物秸秆利用情况》（N201-3 表）、《县（区、市、旗）规模以下养殖户养殖量及粪污处理情况》（N202 表）、《县（区、市、旗）水产养殖基本情况》（N203 表），分别由县（区、市、旗）农业部门、畜牧部门和渔业部门负责填报。

11　不进入水体的农业源需要调查吗？

答：种植业、畜禽养殖业、水产养殖业都会产生水污染物，均属于可能直接或者间接进入水体的污染源，所以都属于调查范围。其中，畜禽规模养殖场需入户调查。

12　普查表下方签字的三人如何界定？两员填在哪？两人同时入户，两人是指哪两个人？

答：根据《第二次全国污染源普查技术规定》，“规模畜禽养殖场普查表填报主体是普查对象，普查对象应如实填报普查表，对所填报数据的真实性负责。”所以表格下需签字的三人均为养殖场相关人员，如养殖场只有一人负责，则三处可以填写同一个人的名字。两员需在质量控制清单上签字。两人同时入户是指两位普查员同时入户。

13 2018年1月1日后关闭的企业如何处理？还需填报表吗？

答：2018年1月1日后关闭的企业，需报告县（区、市、旗）普查办备案，同时需联系养殖场负责人填报表。确实无法联系填报主体的，需报告县（区、市、旗）普查办，由普查办统一处理。

14 农业合作社养殖单位，合作社由多个养殖户组构，且部分在规模以下，在填表时以合作社形式填报还是以单个养殖户填报？

答：按照不同畜禽养殖户分别填写。对于规模以下的，不需要入户调查。

第三章 N101-1 表数据采集与填报

15 第二次全国污染源普查中畜禽规模养殖场是如何界定的？

答：本次普查，畜禽规模养殖场界定标准为：生猪全年出栏≥500头，奶牛存栏≥100头，肉牛全年出栏≥50头，蛋鸡存栏≥2 000羽，肉鸡全年出栏≥10 000羽。

16 指标序号01. 统一社会信用代码从哪里查，如果没有代码怎么填？

答：有关统一社会信用代码的具体处理方式如下：

统一社会信用代码、组织机构代码 统一社会信用代码是一组长度为18位的用于法人和其他组织身份识别的代码。依据《法人和其他组织统一社会信用代码编码规则》（GB 32100—2015）编制，由登记管理部门负责在法人和其他组织注册登记时发放统一代码。统一社会信用代码用18位阿拉伯数字或大写英文字母表示，由登记管理部门代码（1位）、机构类别代码（1位）、登记管理机关行政区划码（6位）、主体标识码（组织机构代码）（9位）和校验码（1位）5部分组成。

组织机构代码指根据中华人民共和国国家标准《全国组织机构代码编制规则》(GB 11714—1997)，由组织机构代码登记主管部门给每个企业、事业单位、机关、社会团体和民办非企业单位颁发的在全国范围内唯一的、始终不变的法定代码。组织机构代码均由8位无属性的数字和1位校验码组成。填写时，要按照技术监督部门颁发的《中华人民共和国组织机构代码证》上的代码填写。

表中统一社会信用代码、组织机构代码之后括号内的两位码为顺序码。对于大型联合企业（或集团）在同一县（区、市、旗）级行政区内的所属下级单位，凡有法人资格、符合独立核算法人工业企业条件的，除填写企业法人代码外，还应在括号内方格中填写下级单位代码，系两位码，按照 01 ～ 10 的顺序编码。

已填报统一社会信用代码的，不必再填报组织机构代码。若企业尚未申领统一社会信用代码，则填报组织机构代码；清查完成后申领统一社会信用代码的，需补充填写统一社会信用代码。

没有统一社会信用代码和组织机构代码的，将普查对象识别码填入统一社会信用代码指标内。普查对象识别码按照如下规则编码：

普查对象识别码共计 18 位，代码结构为：

□□□□□□□□□□□□□□□□□□

01 02 03 04 05 06 07 08 09 10 11 12 13 14 15 16 17 18

第 01 位，为调查对象类别识别码，用大写英文字母标识，G 工业企业和产业活动单位，X 规模畜禽养殖场，J 集中式污染治理设施，S 生活源锅炉。

第 02 位，为调查对象机构类别识别码，用大写英文字母标识，见表 1。

表 1　调查对象机构类别识别码标识

机构类别	代码标识
机关	A
事业单位	B
社会团体	C
民办非企业单位	D
企业	E
个体工商户	F
农民专业合作社	G
居委会、居民小区	H
村委会	K
其他	L

第 03 ～ 14 位，为 12 位的统计用区划代码。

第 15 ～ 18 位，为调查对象顺序识别码，由地方普查机构按照顺序编码。

17 指标序号 06. 企业地理坐标，填写圈舍坐标还是养殖场大门坐标？

答：以养殖场大门位置坐标作为企业地理坐标。

18 指标序号 08. 养殖种类，如果同一个养殖场养两种及以上畜禽，需要填几张表？

答：一种畜禽需填写一张表格，企业其他信息均相同。

19 种畜禽场如何填报？

答：如果种畜禽场只出售仔猪、鸡苗或犊牛，不需要填报入户普查表。如另外还有育成生猪、肉牛或肉鸡出栏（或有蛋鸡和奶牛的存栏），则依据实际出栏量 / 存栏量判断是否为畜禽规模养殖场，进而确定是否需要填报。

20 指标序号 09. 圈舍清粪方式，具体如何判定？如出现多种方式，如何填写？

答：圈舍清粪方式主要分为 6 种：

（1）人工干清粪是指畜禽粪便和尿液一经产生便分流，干粪由人工的方式收集、清扫、运走，尿及冲洗水则从下水道流出；

（2）机械干清粪是指畜禽粪便和尿液一经产生便分流，干粪利用专用的机械设备收集和运走，尿及冲洗水则从下水道流出；

（3）垫草垫料是指稻壳、木屑、作物秸秆或者其他原料以一定厚度平铺在畜禽养殖舍地面，畜禽在其上面生长、生活的养殖方式；

（4）高床养殖是指动物以及动物粪便不与垫草垫料直接接触，饲养过程动物粪便落在垫草垫料上，通过垫草垫料对动物粪尿吸收处理；

（5）水冲粪是指畜禽粪尿污水混合进入缝隙地板下的粪沟，每天一次或数次放水冲洗圈舍的清粪方式，冲洗后的粪水一般顺粪沟流入粪便主干沟，进入地下贮粪池或用泵抽吸到地面贮粪池；

（6）水泡粪是指畜禽舍的排粪沟中注入一定量的水，粪尿、冲洗和饲养管理用水一并排放至缝隙地板下的粪沟中，储存一定时间待粪沟装满后，打开出口的闸门，将沟中粪水排出。

根据养殖场实际情况填报，如出现多种清粪方式，按主要清粪方式填报。

21　养猪场尿液与粪便使用水冲粪方式，是否将尿液和粪便分开填报？

答：采用水冲粪方式，粪污沉淀后如有固液分离措施，则粪污应按照实际去向分别填写。如没有固液分离措施，粪便 15 ～ 17 项和尿液废水相关指标模式与比例对应填写一致。

22　漏缝地板等粪尿一同清出的方式，清粪方式如何填报？粪污处理相关指标如何填报？

答：粪污一起经漏缝地板后由机械方式清出，如果没有额外用水，清粪方式可按机械干清粪算。粪污混合沉淀后如有固液分离措施，则粪污应按照实际去向分别填写。如没有固液分离措施，粪便 15 ～ 17 项和尿液相关指标模式与比例对应填写一致。

23 指标序号 10. 圈舍通风方式，如果是封闭式通风，对于有窗户的养殖场在夏季、冬季是有区别的，如何填报？

答： 采用机械通风方式的按照封闭式填报。

24 有些企业的圈舍通风方式为半开放式，到冬天会放下卷帘，如何填报？

答： 如果企业的圈舍通风方式为半开放式，到冬天会放下卷帘，按开放式填报。

25 养殖种类多于两种的养殖场有关清粪方式、通风方式等单选指标如何填报？

答： 填写清粪方式 / 通风方式对应的数字。养殖场有多种养殖类型的，每种畜禽均需单独填写一张表格。

26 指标编号 11. 原水存储设施的定义是什么？

答： 圈舍中产生的未经任何处理的尿液污水的存储设施。

27 部分养殖场采用自备井水，没有严格统计用水量也没有水票等佐证材料，养殖场口述是否可以采信？

答： 部分养殖场采用自备井水，没有严格统计用水量也没有水票等佐证材料，以养殖场口述为准，养殖场对数据负责。

28 圈舍垫草垫料和高床养殖是否有污水？需不需填原水存储和尿液废水处理栏？

答： 圈舍垫草垫料和高床养殖是否有污水产生，请根据实际情况填报。如无废水产生，则原水存储和尿液废水处理栏可不填写。

29 指标编号 11. 原水存储设施、12. 尿液废水处理工艺、13. 尿液废水处理设施，各种设施、工艺是否需要拍照展示？

答： 根据普查报表制度和技术规定，无照片采集要求。地方可根据工作需要，自行确定是否采集照片。

30 “13. 尿液废水处理设施”和“14. 尿液废水处理利用方式及比例”，经现场核实，养鸡场没有尿液，该项针对养鸡场可否空缺？

答： 养鸡场没有尿液，但是蛋鸡淘汰以及肉鸡出栏后要进行栏舍清洗、消毒，可能有污水产生，入户调查时应按实际处理情况填写。如养鸡场确实无废水产生，则指标 11. 原水存储设施、12. 尿液废水处理工艺、13. 尿液废水处理设施、14. 尿液废水处理利用方式及比例可不填。

31 指标编号 14. 尿液废水处理利用方式及比例中的肥水利用是什么方式？

答： 肥水利用是指养殖粪水排出圈舍后经过一定的无害化处理（贮存、厌氧等），作为农家肥进行农业利用。

32 尿液废水处理利用方式及比例需要计算蒸发量吗？百分比是否为估算？

答： 不计算蒸发量。对于有统计数据的养殖场，利用方式百分比为养殖场统计数据；对于统计数据不全或没有统计数据的养殖场，利用方式百分比采用估算值。

33 指标编号 15. 粪便存储设施的单位问题：如果是干粪，用的是“凉粪棚”，单位只能用平方米；如果干湿分离就是粪便储存池，单位为立方米，能否将该项修改为“储存池 / 凉粪棚”？

答： 采用“凉粪棚”储存粪便，实测或估测粪便贮存高度，结合凉粪棚的面积计算出粪便储存池体积后填报。

34 指标编号 16. 粪便处理工艺，部分养殖场猪粪或者鸡粪由相关公司回收或当地居民运走作为农肥，这种处理工艺如何填写？

答： 如果由相关公司回收，回收公司要有相关资质，需要提供协议和收费单据等支撑材料，回收后制成有机肥的选择“2. 有机肥生产”；如果由周边居民运走且有明确的用肥协议，且能够保证常年运行，则可以选择“1. 堆肥发酵”。

35 指标编号 17. 粪便处理利用方式及比例，规模畜禽养殖场的场主可以提供收据，但是不能提供相应的佐证材料，是否可以采纳？对于养殖场对粪便进行简单堆肥后外售的该如何选择？

答：能提供收据，建议补充土地消纳协议，作为佐证材料；简单堆肥后外售，按照农家肥处理方式填报。

36 指标编号 17. 粪污利用方式中的委托处理概念是否要跟农业部资源化利用统计统一起来？资源化利用统计的委托处理是专指委托给有资质的粪污处理专业机构处理，卖给种植户的是否属于委托处理？

答：粪污利用方式中的委托处理概念跟农业部资源化利用统计是一致的，委托处理就是专指委托给有资质的粪污处理专业机构处理。卖给种植户的不得填报委托处理，应按农家肥填报。

37 指标编号 18. 污水排放受纳水体，部分是通过小沟排放到无名水渠、池塘的，该部分如何填写水体名称？

答：受纳水体指普查对象废水最终排入的水体。根据生态环境部第二次全国污染源普查工作办公室确定的河流名称与代码填报受纳水体名称与代码，可在与普查报表软件一起下发的填报助手 App 里查询。如排放到无名水渠、池塘等，需要咨询当地普查办，确认具体受纳水体名称和代码。

38 指标编号 19. 养殖场是否有锅炉，部分养殖场存在不规范的“土锅炉”，仅在极寒天气燃烧供畜禽取暖，是否需要填写《非工业企业单位锅炉污染及防治情况表 S103》？

答： 根据 S103 表调查对象的说明，凡 1 蒸吨以上的锅炉都需填表。1 蒸吨的判定方式：“土锅炉”供暖面积大于等于 7 000 平方米，或者每天按 12 小时计算，日耗煤量大于等于 1.8 吨的，都应纳入普查。

39 养殖业污染源普查中统计的饲养周期是动物一生还是一年内的饲养周期?

答： 饲养周期是指 2017 年度的饲养周期，比如保育仔猪饲养周期一般 3 个月，育肥饲养周期一般 4 个月等。关于养殖多年的能繁母猪，最多按 365 天填报。

40 能繁母猪未纳入规模畜禽养殖场入户调查表中饲养阶段名称，如何填写饲养阶段?

答： 以调查规模畜禽养殖场中的能繁母猪养殖情况为准，不同阶段动物粪尿产生量存在较大差距，报表制度设计时要求分阶段统计填报。

41 畜禽养殖业污染普查中统计各阶段动物的体重范围和采食量的目的是什么?

答： 粪便产生量与动物体重以及采食量关系密切，报表设计时统计以上指标，目的在于对抽样实验得到的产污系数进行校正。

42 指标编号 24. 采食量，部分养殖场仅能口述，没有进货台账，是否可信？

答：此数据为范围值，以养殖场提供的数据为准，普查员、普查指导员和各级普查办需要进行数据审核。

43 养殖场同一动物，涉及采食多种种类，采食量需要记录多种食物的和吗？

答：养殖场同一动物，如果采食涉及多种饲料，需要统计饲料总和。

第四章

N101-2 表数据采集与填报

44　“一、圈舍建筑面积”，请问圈舍包括哪些内容？是否包括与之配套的仓库、办公设施等？

答：圈舍面积只统计用于动物生产养殖的面积，仓库以及办公设施不属于此统计范围。

45　“二、养殖量”，对于种畜禽场（含猪、牛、鸡）的出栏量如何核算？

答：如果只是单纯的种畜禽场，无育肥的生猪、肉牛或肉鸡成品出栏（或无蛋鸡和奶牛的存栏），不需要进行入户调查。如果还养殖一部分并有出栏量（其中，生猪、肉牛和肉鸡出栏量是指育肥后直接出售，进入屠宰场生产肉类产品的畜禽养殖产品数量），则依据出栏量判断是否为规模化养殖场，进而确定是否需要入户调查。请注意：一定不要将出栏量填写为猪仔、鸡仔、犊牛等的出栏量。

46　畜禽规模养殖场无年末存栏量，按 2017 年度平均存栏量填写。2017 年度平均存栏量如何计算？是分母除以 12 个月还是除以 4 个季度？

答：年末存栏量按平均存栏量填报，是在普查清查阶段，用于填报清查表的相关指标。经国家普查办和相关专家沟通，明确在普查入户调查阶段所有指标均按实际数据填报，其中生猪、肉牛和肉鸡填写全年总出栏数量，奶牛和蛋鸡填写年末存栏数量，如年末无存栏量，则存栏量按 0 填写。

47 “三、污水产生量”的计算能否参照农业部直联直报系统设定的公式？

答： 污水产生量按规模畜禽养殖场实际数据填报，如果没有相关台账，可以参照农业部直联直报系统设定的公式估算。

48 污水粪便产生量是按参数计算，还是养殖户自己估计？

答： 污水产生量和粪便收集量由养殖场按企业统计数据填报，如无统计数据，则按实际情况估算。

49 污水利用量和粪便利用量是否和农田面积有对应关系？

答： 污水利用量和粪便利用量与农田面积有一定对应关系，请养殖场根据实际情况填写。

50 “三、污水和粪便产生及利用情况”，产生量和利用量是直接让普查对象填，还是根据产排污系数核算？

答： 根据养殖场粪便产生量估算收集量，再根据利用率估算利用量。污水产生量根据规模畜禽养殖场统计数据填报。如无统计台账，根据养殖场用水量估算，按照排水系数 0.7 ～ 0.9 折算。根据污水利用率估算利用量。此指标不通过产排污系数核算。

51 “四、养殖场粪污利用配套农田和林地面积”如何区别？

答：粪污处理利用实际配套消纳的农田和林地作物名称以及相应的播种面积，果树、草地及林地等填写种植面积，大田、蔬菜和经济作物填写播种面积。

52 粪污水浇入周边田块，水是流动性的，面积可大可小，如何精确界定小麦、玉米面积？

答：粪污是可作为液体粪肥或固体粪污进行农田利用的，污水流动性大小与农田面积无关。农业部办公厅文件《畜禽粪污土地承载力测算技术指南》（农办牧〔2018〕1号）对粪污消纳配套农田面积有详细的规定。养殖场配套农田来处理利用粪污，应该对农田面积以及对应的作物种类有详细和精确的了解，否则属于污染物转移，而非农田利用。

53 土地综合利用零排放是否需要普查？

答：根据普查方案和技术规定，以养殖场养殖规模来确定是否需要入户普查，与是否零排放无关。所以即使完全土地利用，实现水污染物零排放，也需要按要求调查。

54 填写配套农业面积时，如遇到口头协议、销售或者免费送人等情况，该如何处理？

答：口头协议、销售、免费送人等情况，无纸质协议的，无法保证粪污能长期稳定地进行农田利用，因此不属于配套农田面积。

55 养殖场粪污全部让第三方处理公司收集处理，养殖场粪污利用配套土地是否还需要填写？

答：养殖场粪污全部让第三方处理公司收集处理，配套土地面积不需填写。

56 粪便利用方式和利用比例是否必须签订合同，无合同但有利用该如何界定？

答：有利用建议补充合同，否则不能作为配套农田面积填报。

57 有的养殖场将部分污水外委给专人收集，收集人将粪污外运到其他地区后，再倒入其他地区农田，其他地区被浇入粪污水的农田是否算作配套农田？

答：对于规模养殖场：养殖场将部分污水外委属于第三方处理，收集污水的第三方如何处理不属于本养殖场的统计范围，因此不纳入配套农田面积统计。

58 养鸡场同时养鱼，用鸡粪肥水来养鱼的，这种消纳方式如何填写配套面积？

答：粪便污水用于养鱼的，按“鱼塘养殖”填报。

第五章 N201表数据采集与填报

59 如果表格有多家单位填写，综合机关名称（盖章）盖什么章？

答： 凡填表的单位都要盖章。

60 有的区县耕地面积不足一万亩*，是否需要填报县级种植业普查表？

答： 根据报表制度，原则上全国耕地和园地面积之和超过 1 万亩的县（区、市、旗）填报。低于 1 万亩的县（区、市、旗）可以不填写。

61 作物种类有哪几类？

答： 粮食作物：小麦、玉米、水稻、马铃薯、豆类。

经济作物：油料作物油菜、花生、向日葵；棉麻作物棉花；糖料作物甘蔗、甜菜；烟叶；中药材。

蔬菜瓜果：蔬菜、瓜果。

62 什么是规模种植？

答： 指一年一熟制地区露地种植农作物的土地达到 100 亩及以上、一年二熟及以上地区露地种植农作物的土地达到 50 亩及以上、设施农业的设施占地面积 25 亩及以上，具有较大农业经营规模的农业经营户。

---

*1 亩 =1/15 公顷。

63 种植业三张表（N201-1,N201-2,N201-3）没有涉及空间信息是否需要配手持设备？通过纸质表和专网填报可否？

答：种植业三张表（N201-1,N201-2,N201-3）均由县（区、市、旗）行政主管部门填写，表中有县的行政区划代码，不需要空间信息，不需要手持设备，通过纸质表格、电子表格或联网采集等形式填报。

64 “三、规模种植主体情况”，种植业 N201-2 中蔬菜面积是否包括菜用瓜？

答：与《农业统计年鉴》一致，蔬菜包括菜用瓜（黄瓜、南瓜、冬瓜等）。

65 “五、地膜回收利用总量”，如果卖给回收公司的，是否算作利用？

答：卖给回收公司，可以算作利用。

66 N201-1 中地膜回收企业的规模或者资质是否有要求？

答：有要求，需为有资质的正规企业。

67 如遇到《农业统计年鉴》与实际掌握量不同时，以哪个数据为准？例如农膜使用量和农膜回收利用量，《农业统计年鉴》上报数据与农业部门实际掌握数据不同，以哪种数据为准？

答： 区县农业源填报单位应会同当地统计部门对本次普查报表中的数据进行分析后上报。报表中有些指标无统计数据的，以填报单位实际掌握的数据为准。

68 “七、秸秆规模化利用情况”秸秆利用企业规模有没有要求？

答： 秸秆利用企业对规模没有限制。原则要求利用秸秆的企业提供证明材料备查。

69 是否可能存在本县地膜回收企业处理了他县回收地膜，导致对单个县域来讲可能回收利用面积大于回收面积？

答： 可能存在这个问题，地膜回收企业在哪个县，就算哪个县即可。

70 针对地膜普查，是否所有农业县都填生态环境部统一表？抽样调查县和原位监测县除了填生态环境部的表，还需要填地膜方案中的县域调查表吗？

答： 地膜专题只需要填写第二次全国污染源普查报表制度相关表格即可。抽样调查县和原位监测县还需填写的其他表格请咨询农业农村部普查工作推进组。

71　秸秆直接还田，在表格里怎么填写？

答：表 N201-2 中第六列有“秸秆直接还田面积（亩）”。

72　秸秆表格里统计的作物有没有下限范围，是种了都要统计吗，还是有一定规模的范围？

答：无规模限制，所有种植作物均需填写。

73　秸秆统计的作物范围是否仅限于表格里的作物，部分地区如安徽亳州主要种植药材，秸秆产生量是否要统计，还有一些小作物如芝麻类的，是否要设置其他类？

答：统计范围只限于表格里的作物。

74　秸秆表格的各类指标值，是填比例还是填利用吨数？如果填吨数有没有体现秸秆可收集资源量？

答：按照表格要求填写。“N201-3 表”中秸秆规模化利用情况中填写数量，单位为吨。

75　种植业肥料利用数量（肥料化）是否包括直接还田？

答：不包括直接还田，仅指企业规模化利用。请参阅“N201-3 表”

中的注释“2. 统计范围：县（区、市、旗）辖区内秸秆规模化利用情况，特指以企业、合作社等经营主体为单位对收集离田后的秸秆加以利用的情况”。

第六章

N202 表数据采集与填报

76 “一、养殖户情况”中 01 养殖户数量如何填写?

答: 填写全县（区、市、旗）纳入普查范围的五类畜禽养殖种类对应的养殖户的总和。养殖户是指饲养数量未达到规模养殖场标准的养殖单元，其中：生猪＜500 头（出栏）、奶牛＜100 头（存栏）、肉牛＜50 头（出栏）、蛋鸡＜2 000 羽（存栏）、肉鸡＜10 000 羽（出栏）。

77 畜牧生产行业数据与统计部门数据是有一些偏差的，但是规模统计数据仅在行业统计数据中有所体现，那 N202 表数据应该与畜牧行业数据衔接吗?

答: 请以当地政府认可数据为准。N202 填报单位是当地畜牧部门。

78 县（区、市、旗）规模以下养殖户养殖量及粪污处理情况表 N202，本表说明中，1- 本表数据由县（区、市、旗）畜牧部门根据统计数据填报。是统计部门的数据还是畜牧部门年报中的数据?

答: 规模以下养殖户养殖量、粪污处理比例数据由县（区、市、旗）畜牧部门提供，各相关部门协商填报，当地政府认可。

79 “三、粪污处理利用方式”中指标编号 10 ～ 17 如何填写?

答: 填写不同粪便处理利用方式的比例。粪便处理利用方式包括：“10. 委托处理、11. 生产农家肥、12. 生产商品有机肥、13. 生产牛床垫料、14. 作为栽培基质、15. 饲养昆虫、16. 其他、17. 场外丢弃（未利用直接排放）。”其中：垫料利用一般指养牛场粪便经过固液分离、无害化处理后回用作为牛床垫料；作为栽培基质利用是指畜禽粪便混合菌渣或者其他农作物秸秆进行一定的无害化处理后，生产基质盘或基质土，应用于栽培果菜的利用方式。

80　“四、污水处理利用方式”中指标编号 18 ～ 25 如何填写？

答：养殖污水处理利用方式一般包括：“18. 委托处理、19. 沼液还田、20. 肥水还田、21. 生产液体有机肥、22. 鱼塘养殖、23. 达标排放、24. 其他利用、25. 未利用直接排放”。直接填写全县（区、市、旗）不同污水处理利用方式的比例。

81　“五、粪污处理利用配套农田和林地种植 / 播种面积”中指标编号 26 ～ 31 分别填写什么面积？

答：所有养殖户粪污处理利用配套农田和林地所种植作物 / 林木的名称以及相应的播种面积，“26. 大田作物、27. 蔬菜、28. 经济作物”填写播种面积，“29. 果树、30. 草地、31. 林地”填写种植面积。

第七章

N203 表数据采集与填报

82　农业污染源入户普查表格是统一下发还是自己印制?

答: 农业污染源入户调查只涉及规模畜禽养殖场。普查表格印制与否，请与当地普查办沟通。

83　水产养殖的模式有哪些?

答: 养殖模式: ①池塘养殖、②工厂化养殖、③网箱养殖、④围栏养殖、⑤浅海筏式养殖 、⑥滩涂增养殖、⑦其他。

84　水产养殖业针对的水域范围是什么，鱼塘或封闭的水体需要调查吗?

答: 只要在县（区、市、旗）域汇总表中涉及的养殖模式都在这次调查范围内。所说的鱼塘就是池塘养殖。封闭水体就是池塘养殖和工厂化养殖。

85　“一、池塘养殖”，北方池塘养殖鱼是混合养殖，如何确定每种养殖品种的养殖面积?

答: 如该养殖县（区、市、旗）的统计数据中分别记录了不同养殖品种的养殖面积时可直接填写，如果没有，则将混养池塘面积按照养殖品种数量均分池塘面积。

86 一个鱼塘中养多种鱼怎么判断不同种类鱼的饲养及排污情况?

答: 各养殖县（区、市、旗）根据当地渔业部门统计数据或实际渔获物填写产量信息，排污中系数由各渔业监测单位完成，最终用各品种产量 × 系数得到污染量。

87 “八、养殖情况统计”，水产养殖表格里的养殖户养殖规模有没有下限要求?

答: 养殖场（户）养殖规模下限要求:

（1）池塘养殖：养殖面积≥ 5 亩;

（2）工厂化养殖：养殖水体体积≥ 1 500 立方米;

（3）网箱养殖：养殖面积≥ 100 平方米;

（4）围栏养殖：养殖面积≥ 2 亩;

（5）浅海筏式养殖：养殖面积≥ 10 亩;

（6）滩涂增养殖：养殖面积≥ 100 亩。

第八章 数据审核与上报

88 农业源普查表填报、录入和审核流程是什么？

答： 普查数据录入：县（区、市、旗）普查机构要建立完善普查表交接验收制度、录入的工作制度和数据录入岗位责任制，设录入人员和复核人员岗位。录入差错率低于1%。

数据录入后，一定要进行计算机审核操作；根据本地区的实际情况，对于计算机审核出的提示信息须查明原因，进行校正或上报时附加说明。如为填表错误，则需进一步核实，更正普查表，重新录入。校正情况要有记录和经手人签名；如普查对象对核实的情况拒绝更正，普查机构要将核定的污染物产、排污量另行填写污染物产、排污量普查表，并与普查对象填报的普查表一同录入上报，并作出说明。

普查数据审核：在省级普查机构的统一领导下，县（区、市、旗）级普查机构组织对本级普查数据的全面审核，地市级普查机构派督导组参与指导审核。地市级以上普查机构对下一级普查机构上报的数据进行严格的审核把关，保证上报数据符合质量控制要求。发现异常情况和错误信息要及时反馈下级机构进行检查、核实，对经审核不符合质量控制要求的数据退回报送单位修正，并限时重报。普查汇总数据必须由普查机构负责人审核后方能报上一级。

89 第二次全国污染源普查农业源报表是由省（自治区、直辖市）普查办上报，还是由农业部门上报？

答： 由县（区、市、旗）主管部门负责填报的普查数据先由负责填报的部门向普查办报送，报送方式自行协商确定，再由县（区、市、旗）级普查办通过环保专网逐级上报。与其他源上报要求一致。

90 县（区、市、旗）主管部门填报的普查表有哪些报送要求？

答：由县（区、市、旗）农业管理部门相关工作负责人填报，数据核实无误。填报后分别由填表人、单位负责人、统计负责人（审核人）签字确认，正确填写常用联系电话，要求所留联系电话有效期至少至填表后 36 个月。

91 县（区、市、旗）主管部门填报的普查表如何审核？

答：由县（区、市、旗）行政主管部门工作人员负责填报的表格，应先由主管部门负责自行审核，确保数据无误后提交至县（区、市、旗）普查办，普查办再次进行数据审核后提交上一级普查办。

92 规模养殖场入户报表的审核工作如何开展？

答：普查员入户填报表格后提交普查指导员审核，普查指导员审核后退回普查员修改或者审核无误后提交县（区、市、旗）环保专网。

93 对于基表的审核规则有哪些？

答：审核基表主要依照《普查基层表式审核细则》中对每一个指标的要求。

对于 N101-1 表中指标 01 统一社会信用代码必填，填写阿拉伯数字或英文字母，第 18 位为校正码。验证是否满足校正规则，首字母为 X，则为普查对象自编码，其第 3~14 位应与 12 位统计用区划代码相同。统一社会信用代码、普查对象识别码为 18+2 位数，组织机构代码为 9+2 位数；03 法定代表人必填，姓名为工商登记注册的养殖场登记法人，如果没有工商登记注册，则填主要负责人；04 区划代码为 12 位数字，必填，且与国家统计局区划代码和清查保持一致；05 详细地址，省、地市、区县、乡镇等指标必填，且与企业所在省、地市、区县、乡镇相同；06 企业地理坐标必填，先经度后纬度（度分秒格式），度分秒均为 0 判错，应在本市四至坐标范围内，不在本市范围内的重点审核，分和秒填报范围 0~59；07 联系方式必填，座机应填写区号，区号应填写正确，非 11~12 位的重点审核；14 尿液废水处理利用方式及比例，填写时选项 1~10，百分比总和应小于等于 100%；17 粪便处理利用方式及比例，填写时选项 1~10，百分比总和应小于等于 100%；19 养殖场是否有锅炉必填，如果选 1，锅炉达到 1 蒸吨以上则填 S103；20 饲养阶段名称，选中的饲养阶段名称应该与 N101-1 中 08 指标选中的畜禽种类对应；21 饲养阶段代码为字母 + 数字；22 存栏量应填写数字，填写 2017 年度平均存栏数；23 体重范围和 24 采食量均填写数字范围；25 饲养周期应填写数字。

对于 N101-2 表中，01 圈舍建筑面积为数字，02 生猪（全年出栏量）应填写整数，若 N101-1 中 08 指标勾选了生猪，则生猪（全年出栏量）大于等于 500，且小于等于 500 000，需与 N101-1 畜禽种类对应；03 奶牛（年末存栏量）应填写整数，若 N101-1 中 08 指标勾选了奶牛，则奶牛（年末存栏量）大于等于 0，且小于等于 50 000，需与 N101-1 畜禽种类对应；04 肉牛（全年出栏量）应填写整数，若 N101-1 中 08 指标勾选了肉牛，则肉牛（全年出栏量）大于等于 50，且小于等于 50 000，需与 N101-1 畜禽种类对应；05 蛋鸡（年末存栏量）应填写整数，若 N101-1 中 08 指标勾选了蛋鸡，则蛋鸡（年末存栏量）大于等于 0，且小于等于 3 000 000，需与 N101-1 畜禽种类对应；06 肉鸡（全年出栏量）应填写整数，若 N101-1 中 08 指标勾选了肉鸡，则肉鸡（全年出栏量）大于等于 10 000，且小于等于 5 000 000，需与 N101-1 畜禽种类对应；08 污水利用量应填写数字，污水利用量小于等于污水产生量；10 粪便利用量应填写数字，粪便利用量小于等于粪便收集量；11 农田面积应填写数字，指标值符合 11 农田面积 =12 大田作物 +18 蔬菜 +19 经济作物 +20 果园；12 大田作物应填写数字，指标值符合 12 大田作物 =13 小麦 +14 玉米 +15 水稻 +16 谷子 +17 其他作物。

第九章 其他相关问题

94 如何选调和培训农业源普查员?

答：农业源普查员主要从各级环保、农业、统计系统内部抽调。为保证普查工作质量，普查员应尽量由熟悉本地区情况的人员担任。各级普查机构应从环保或农业部门选调业务骨干任普查指导员，负责普查员的业务指导和普查表格的审核。普查员和普查指导员的选聘必须按选聘工作程序执行，且必须经系统的培训考核并合格后才予以聘用，并发放普查员或普查指导员证件。地方各级普查机构要将获得工作证件的普查员和普查指导员名单报上一级污染源普查机构备案，并制定普查员和普查指导员管理的规章制度统一管理。

95 农业源普查员和普查指导员的职责和权利是什么?

答：（1）普查员的职责

一是负责向普查对象宣传污染源普查的目的和意义、内容，提高其对污染源普查工作的认识；解答普查对象在普查过程中的疑问，无法解答的，及时向普查指导员报告。

二是负责入户调查，了解普查对象基本情况，按照普查技术规范指导普查对象填写普查报表，对有关数据来源以及报表信息的合理性和完整性进行现场审核，并按要求上报。

三是配合开展普查工作检查、质量检查、档案整理等工作。

四是积极参加业务培训。

五是完成当地普查机构和普查指导员交办的其他工作。

（2）普查指导员的职责

一是按照当地普查机构工作部署，对其负责区域内的普查员进行指导，及时传达普查工作要求。

二是协调负责区域内的普查工作，了解并掌握工作进度和质量，及时解决普查中遇到的实际问题，对于不能解决的问题要及时向当地普查机构报告。

三是负责对普查员提交的报表进行审核。对存在问题的，要求普查员进一步核实并指导普查对象整改。

四是负责对入户调查信息现场复核，复核比例不低于 5%。对于复核中发现的问题，要求相关人员按照有关技术规范进行整改。

五是完成当地普查机构交办的其他工作。

（3）普查员和普查指导员的权利

一是有权查阅与普查有关的普查对象基本信息、物料消耗记录、原辅料凭证、生产记录、治理设施运行和污染物排放监测记录以及其他与污染物产生、排放和处理处置相关的原始资料。

二是有权现场查看污染物排放和治理等有关设施。

三是有权要求普查对象改正不真实、不完整的普查信息。

四是有权向当地污染源普查机构报告普查相关事宜。

96 畜禽废气如何普查，需要地方做什么工作?

答：畜禽废气的普查任务由技术支撑部门通过抽样调查获得相关系数，具体需调查的指标已在调查报表中列出，各地不需额外做工作。

97 如何界定废水不外排?

答：养殖场无废水排放口、污水贮存设施容积能满足养殖场废水存放需求、存储设施防渗、防漏，可界定为废水不外排。养殖场废水作为液肥用于农田林地且在土地承载范围之内的不属于外排。

98 因非洲猪瘟问题非常严重，传染途径在场外也有可能发生，养殖场现场填表如何开展？

答： 填表时可不进入养殖区，或者通过变换方式采用问询养殖场负责人的方式开展调查。

99 手持终端里的 App 是包括全部内容，还是专门供农业部门使用的农业部分？

答： 手持终端包括各类源的报表内容。

100 没有建制的区，比如很多新区、功能区，是县级区，但没有行政区划代码，是否需要填县级普查表？

答： 农业源县（区、市、旗）报表需要每个县级单位填报，已批复县级行政区的按批复县填报。未批复的县级区按照原所在县（区、市、旗）填报。如有疑问与同级普查办沟通。

101 县（区、市、旗）填报的普查指标如无统计数据该如何处理？

答： 普查报表设计时已与农业部门沟通，现有生产类基础数据指标均有相关统计数据。

102 农业源普查经费是通过什么渠道拨付的？

答： 普查经费由中央财政和地方财政分担。地方财政负担部分，由同级地方财政根据工作需要统筹安排。系数研究工作属于中央事权，经费由农业农村部拨付。

103 由于经费原因，普查员不能全部配备移动终端，是否可填报纸质表，电脑录入？农业部门手机 App 和移动终端采集两者如何分工衔接？

答：规模畜禽养殖场入户方式和要求与其他源完全一致，如存在问题，请与同级普查办沟通。农业部门手机 App 应用于系数获取，移动终端用于普查入户，二者在入户阶段不存在衔接问题。

附　件

附件一

农业污染源普查技术规定

为指导全国农业污染源（以下简称“农业源”）的普查工作，根据《国务院关于开展第二次全国污染源普查的通知》（国发〔2016〕59号）和《国务院办公厅关于印发第二次全国污染源普查方案的通知》（国办发〔2017〕82号），制定本规定。

一、目的

明确农业源普查的对象、范围、内容、污染物产生量和排放量核算方法，指导农业源普查报表填报。

二、对象与范围

农业源普查对象为纳入农业统计的农业生产活动。普查范围包括种植业、畜禽养殖业和水产养殖业。

按照在地原则确定普查对象，以县级行政区划为划分在地的基本区域单元。同一养殖企业分布在不同区域的场区，纳入各场区所在区域普查。

根据清查后确定的普查对象开展普查工作。若发现遗漏的普查对象，应纳入普查范围，并及时报告县（区、市、旗）普查机构；发现普查对象不存在，或2018年1月1日后关闭且无法联系填报主体等情况，应及时报告县（区、市、旗）普查机构。县（区、市、旗）普查机构应将此类情况汇总后逐级上报至国家普查机构。

三、普查内容

（一）种植业

1. 县级种植业基本情况，包括县（区、市、旗）名称、农户数量、农村劳动力人口数量、耕地和园地总面积等。

2. 主要作物播种面积情况和农药、化肥、地膜等生产资料投入情况。

3. 主要作物收获方式、秸秆利用方式与利用量。

（二）畜禽养殖业

1. 规模养殖场基本情况：包括养殖场名称、畜禽种类、存 / 出栏数量、养殖设施类型、饲养周期、饲料投入情况等。

养殖规模与粪污处理情况：养殖量，废水处理方式、利用去向及利用量，粪便处理方式、利用去向及利用量，配套利用农田面积等。

2. 规模以下养殖户：县（区、市、旗）不同畜禽种类养殖户数量、存 / 出栏数量，不同清粪方式，不同粪便与污水处理方式下的养殖量占该类畜禽养殖总量的比例，配套利用农田面积等。

（三）水产养殖业

包括县（区、市、旗）名称、养殖水体类型、养殖模式、投苗量与产量、养殖面积等。

（四）污染物

废水污染物：氨氮、总氮、总磷，畜禽养殖业和水产养殖业增加化学需氧量。

四、普查表的填报和审核

（一）普查表的填报

普查对象根据实际生产涉及的生产现状和污染治理或排放情况，选择填报相应的普查表，不涉及的普查内容无须填报。

规模畜禽养殖场填报《规模畜禽养殖场基本情况》（N101-1 表）、《规模畜禽养殖场养殖规模与粪污处理情况》（N101-2 表）。普查表填报的责任主体是普查对象，普查对象应如实填报普查表，对所填报数据的真实性负责。普查员现场指导普查对象填报，并利用移动数据采集终端现场核实普查对象地理坐标。

县（区、市、旗）农业部门填报《县（区、市、旗）种植业基本情况》（N201-1 表）、《县（区、市、旗）种植业播种、覆膜与机械收获面积情况》

（N201-2 表）、《县（区、市、旗）农作物秸秆利用情况》（N201-3 表）；县（区、市、旗）畜牧部门填报《县（区、市、旗）规模以下养殖户养殖量及粪污处理情况》（N202 表）；县（区、市、旗）渔业部门填报《县（区、市、旗）水产养殖基本情况》（N203 表）。

（二）普查质量控制与数据审核

1. 普查员对普查表的内容、指标填报是否齐全以及是否符合普查制度的规定和要求等进行现场审核。

在普查对象填报普查表过程中，普查员应根据企业提供的生产经营记录、物料（含水、电及其他能源）消耗记录、原辅材料凭证、污染处理设施建设与运行记录等资料，对普查表填报的准确性、真实性进行核查。普查员现场发现填报错误、逻辑错误或填报信息不全、不合理的情况，应及时予以纠正。

2. 普查对象对普查表中所填数据资料确认签章。

3. 普查指导员在普查员现场审核的基础上，对普查表中数据的合理性和逻辑性进行全面审核。

4. 县（区、市、旗）普查机构应组织相关部门专家对辖区内填报的普查数据进行会审，地市级普查机构参与指导审核。普查机构应组织相关部门专家对普查对象随机进行现场质量控制，以验证普查表填报和普查员核查的准确性。普查质量负责人根据现场填报和数据审核中发现的问题，组织制定解决方案。

五、污染物产生量和排放量核算

农业源采用系数法核算污染物产生量和排放量。产生和排放系数统一由国务院第二次全国污染源普查领导小组办公室提供，原则上不得采用其他系数。

种植业氮、磷流失量采用流失系数法，以该县（区、市、旗）各种种植模式的种植面积分别与该种植模式流失系数相乘，得到的乘积进行加和，测算全县（区、市、旗）种植业氮、磷的流失量。

通过理论分析与实地监测相结合的方法，对我国不同作物种类、不同区域的秸秆草谷比、可收集系数和“五料化”利用比例进行测定，结合普查和统计数据，测算农作物秸秆产量、秸秆可收集资源量、各种利用途径的秸秆利用量。

地膜通过农田地膜的使用量与残留率、回收率等系数测算地膜残留情况。

畜禽养殖业水污染物产生量通过产生系数法测算，某种动物的存/出栏量与对应的水污染物产生系数相乘，得到某种动物的水污染物产生量，将该县（区、市、旗）所有种类动物的水污染物产生量加和，测算全县（区、市、旗）畜禽养殖的水污染物产生量；畜禽养殖水污染物排放量通过排放系数法测算，该县（区、市、旗）某种粪污处理工艺条件下的养殖量与某种粪污处理工艺下的排放系数相乘，测算全县（区、市、旗）畜禽养殖的水污染物排放量。

水产养殖水污染物排放量通过排放系数法测算，以该县（区、市、旗）某种水产品的产量与相应的排放系数相乘，各种水产品的排放量加和，测算全县（区、市、旗）水产养殖水污染物的排放量。

附件二

报表制度与指标说明

规模畜禽养殖场基本情况（N101-1 表）

表　　号：N101-1 表
制定机关：国务院第二次全国污染源普查领导小组办公室
批准机关：国家统计局
批准文号：国统制〔2018〕103 号

普查小区代码：（　　）　　2017 年　　有效期至：2019 年 12 月 31 日

01. 统一社会信用代码	□□□□□□□□□□□□□□□□□□（□□） 尚未领取统一社会信用代码的填写原组织机构代码号： □□□□□□□□□（□□）
02. 养殖场名称及曾用名	养殖场名称： 曾用名：
03. 法定代表人	
04. 区划代码	□□□□□□□□□□□□
05. 详细地址	________省（自治区、直辖市）________地区（市、州、盟） ________县（区、市、旗）________乡（镇） ________街（村）、门牌号
06. 企业地理坐标	经度：____度____分____秒　纬度：____度____分____秒
07. 联系方式	联系人：　　　　电话号码：
08. 养殖种类	□□□□□　1. 生猪　2. 奶牛　3. 肉牛　4. 蛋鸡　5. 肉鸡　（可多选）
09. 圈舍清粪方式	□　1. 人工干清粪　2. 机械干清粪　3. 垫草垫料 4. 高床养殖　5. 水冲粪　6. 水泡粪

10. 圈舍通风方式	□ 1. 封闭式 2. 开放式
11. 原水存储设施	设施类型：□ 1. 土坑 2. 砖池 3. 水泥池 4. 贴膜防渗池
	池口方式：□ 1. 封闭式 2. 开放式 如为开放式，池口面积：________平方米
	容积:________立方米
12. 尿液废水处理工艺	□□□□□□□□□□□□□ 1. 固液分离 2. 肥水贮存 3. 厌氧发酵 4. 好氧处理 5. 液体有机肥生产 6. 氧化塘处理 7. 人工湿地 8. 膜处理 9. 无处理 10. 其他（请注明）__________（可多选，按工艺流程填序号）
13. 尿液废水处理设施	□□□□□□□□□□□ 1. 固液分离机 2. 沼液贮存池 3. 厌氧发酵池 / 罐 4. 好氧池 / 曝气池 5. 场内液肥生产线 6. 氧化塘 7. 多级沉淀池 8. 膜处理装置 9. 其他（请注明）__________（可多选）
14. 尿液废水处理利用方式及比例	□□□□□□□□□□□□□ 1. 肥水利用 ___% 2. 沼液还田 ___% 3. 场内生产液体有机肥 ___% 4. 异位发酵床 ___% 5. 鱼塘养殖 ___% 6. 场区循环利用 ___% 7. 委托处理 ___% 8. 达标排放 ___% 9. 直接排放 ___% 10. 其他（请注明）__________________（可多选）
15. 粪便存储设施	是否防雨□ 1. 是 2. 否 是否防渗□ 1. 是 2. 否 容积：_______ 立方米
16. 粪便处理工艺	□□□□□□□ 1. 堆肥发酵 2. 有机肥生产 3. 生产沼气 4. 生产垫料 5. 生产基质 6. 其他（请注明）_______
17. 粪便处理利用方式及比例	□□□□□□□□□□□□□ 1. 农家肥 ___% 2. 场内生产有机肥 ___% 3. 沼渣还田 ___% 4. 生产牛床垫料 ___% 5. 作为栽培基质 ___% 6. 作为燃料 ___% 7. 鱼塘养殖 ___% 8. 委托处理 ___% 9. 场外丢弃 ___% 10. 其他（请注明）___（可多选）
18. 污水排放受纳水体	受纳水体名称： 受纳水体代码： （如无废水外排，不填）
19. 养殖场是否有锅炉	□ 1. 是 2. 否 注：选择“是”，须按照非工业企业单位锅炉污染及防治情况 S103 表填报锅炉信息

指标名称	计量单位	代码	指标值 饲养阶段		
甲	乙	丙	1	2	3
饲养阶段名称	—	20			
饲养阶段代码	—	21			
存栏量	头（羽）	22			
体重范围	千克 / 头（羽）	23			
采食量	千克 / 天·头（羽）	24			
饲养周期	天	25			

单位负责人：　　统计负责人（审核人）：　　填表人：　　报出日期：20　年　月　日

说明：1. 本表由辖区内规模畜禽养殖场填报；

2. 饲养阶段名称及代码：生猪分为能繁母猪（代码：Z1）、保育猪（代码：Z2）、育成育肥猪（代码：Z3）3 个阶段，奶牛分为成乳牛（代码：N1）、育成牛（代码：N2）、犊牛（代码：N3）3 个阶段，肉牛分母牛（代码：R1）、育成育肥牛（代码：R2）、犊牛（代码：R3）3 个阶段，蛋鸡分育雏育成鸡（代码：J1）和产蛋鸡（代码：J2）2 个阶段，肉鸡（代码：J3）1 个阶段。

规模畜禽养殖场 是指饲养数量达到一定规模的养殖单元，其中：生猪≥ 500 头（出栏）、奶牛≥ 100 头（存栏）、肉牛≥ 50 头（出栏）、蛋鸡≥ 2 000 羽（存栏）、肉鸡≥ 10 000 羽（出栏）。

养殖场名称 指经有关部门批准正式使用的单位全称，按工商部门登记的名称填写；未进行工商注册的，可填报规模畜禽养殖场负责人姓名。填写时要求使用规范化汉字。

清粪方式 根据养殖场实际情况填报，人工干清粪是指畜禽粪便和尿液一经产生便分流，干粪由人工方式收集、清扫、运走，尿及冲洗水则从下水道流出；机械干清粪是指畜禽粪便和尿液一经产生便分流，干粪利用专用的机械设备收集和运走，尿及冲洗水则从下水道流出；垫草垫料是指稻壳、木屑、作物秸秆或者其他原料以一定厚度平铺在畜禽养殖舍地面，畜禽在其上面生长、生活的养殖方式；高床养殖是指动物以及动物粪便不与垫草垫料直接接触，饲养过程动物粪便落在垫草垫料上，通过垫草垫料对动物粪尿进行吸收进一步处理；水冲粪是指畜禽粪尿污水混合进入缝隙地板下的粪沟，每天一次或数次放水冲洗圈舍的清粪方式，冲洗后的粪水一般顺粪沟流入粪便主干沟，进入地下贮粪池或用泵抽吸到地面贮粪池；水泡粪是指畜禽舍的排粪沟中注入一定量的水，粪尿、冲洗和饲养管理用水一并排放至缝隙地板下的粪沟中，储存一定时间后，待粪沟装满后，打开出口的闸门，将沟中粪水排出。

圈舍通风方式 根据养殖场实际情况填报，通风方式分为封闭式（机械通风）和开放式（自然通风）两种。

原水存储设施 指用于临时存储养殖舍排放尿液废水的设施。一般包括土坑、砖池、水泥池或贴膜防渗池。

尿液废水处理工艺 养殖场用于污水处理的工艺过程，一般包括固液分离、肥水贮存、厌氧发酵、好氧处理、生产液体有机肥、氧化塘处理、人工湿地、膜处理或其他工艺，请根据实际情况按顺序填写所采用的工艺流程。如果没有任何处理，则选择无处理。

尿液废水处理设施 与养殖场污水处理工艺所配套的设施和设备。

尿液废水处理利用方式及比例 养殖污水处理利用的方式，包括肥水利用、沼液还田、场内生产液体有机肥、异位发酵床、鱼塘养殖、场区循环利用、委托处理、达标排放、直接排放或其他方式，并填写对应处理方式所占比例。委托处理是指养殖场委托第三方进行尿液废水的处理处置。

粪便处理工艺 养殖场采用的粪便处理利用工艺，一般包括堆肥发酵、有机肥生产、生产沼气、生产垫料、生产基质或其他。

粪便处理利用方式及比例 粪便处理利用方式包括作为农家肥、场内生产有机肥、生产牛床垫料、作为栽培基质、作为燃料、鱼塘养殖、委托处理、场外丢弃或其他方式，并填写对应处理方式所占比例。

其中：作为栽培基质是指畜禽粪便混合菌渣或者其他农作物秸秆，进行一定的无害化处理后，生产基质盘或基质土，应用于栽培果菜的利用方式；委托处理是指养殖场委托第三方进行粪便处理处置。

受纳水体 指养殖场废水最终排入的水体。根据第二次全国污染源普查工作办公室确定的附录（三）河流名称与代码填报受纳水体名称与代码。

饲养阶段名称 生猪分为能繁母猪、保育猪、育成育肥猪 3 个阶段，奶牛分为成乳牛、育成牛、犊牛 3 个阶段，肉牛分母牛、育成育肥牛、犊牛 3 个阶段，蛋鸡分育雏育成鸡和产蛋鸡 2 个阶段，肉鸡 1 个阶段。

存栏量 不同饲养阶段动物存栏的数量。

体重范围 不同饲养阶段动物的体重，单位为千克 / 头（羽），填写范围。

采食量 不同阶段动物每头每天的采食量，单位为千克 /〔天·头（羽）〕，填写范围。

饲养周期 该养殖场不同阶段动物的养殖天数。

规模畜禽养殖场养殖规模及粪污处理情况（N101-2 表）

表　　号：N101-2 表
制定机关：国务院第二次全国污染源普查领导小组办公室
批准机关：国家统计局
批准文号：国统制〔2018〕103 号
有效期至：2019 年 12 月 31 日

统一社会信用代码：□□□□□□□□□□□□□□□□□□（□□）
组织机构代码：□□□□□□□□□（□□）
养殖场名称（盖章）：　　2017 年

指标名称	计量单位	代码	指标值
甲	乙	丙	1
一、生产设施	—	—	—
圈舍建筑面积	平方米	01	
二、养殖量	—	—	—
生猪（全年出栏量）	头	02	
奶牛（年末存栏量）	头	03	
肉牛（全年出栏量）	头	04	
蛋鸡（年末存栏量）	羽	05	
肉鸡（全年出栏量）	羽	06	
三、污水和粪便产生及利用情况	—	—	—
污水产生量	吨 / 年	07	
污水利用量	吨 / 年	08	
粪便收集量	吨 / 年	09	
粪便利用量	吨 / 年	10	
四、养殖场粪污利用配套农田和林地情况	—	—	—
农田面积	亩	11	

大田作物	亩	12	
其中：小麦	亩	13	
玉米	亩	14	
水稻	亩	15	
谷子	亩	16	
其他作物	亩	17	
蔬菜	亩	18	
经济作物	亩	19	
果园	亩	20	
草地面积	亩	21	
林地面积	亩	22	

单位负责人：　　统计负责人（审核人）：　　填表人：　　报出日期：20 年 月 日

说明：1. 本表由辖区内规模畜禽养殖场填报；
2. 尚未领取统一社会信用代码的填写原组织机构代码号；
3.12~19 为播种面积，20~22 为种植面积。

圈舍建筑面积 养殖场场区内生产设施及配套设施的建筑面积，不包括活动区等。

养殖量 生猪、肉牛和肉鸡填写全年总出栏数量，奶牛和蛋鸡填写年末存栏数量，如年末无存栏量，则存栏量按 0 填写。

污水产生量 养殖场正常生产过程中，产生的污水总量。

污水利用量 采用一定的方式利用的污水量，达标排放、未利用直接排放不属于利用范围。

粪便收集量 养殖场收集的粪便总量。

粪便利用量 养殖场采用各种方式利用粪便的量，场外丢弃不属于利用范围。

养殖场粪污利用配套农田和林地 包括养殖场自有土地，或通过土地承包、流转、租赁的农田和林地，以及与周边农户签订用肥协议用于粪污消纳利用的农田和林地面积。

县（区、市、旗）种植业基本情况（N201-1 表）

表　　号：N201-1 表
制定机关：国务院第二次全国污染源普查领导小组办公室
批准机关：国家统计局
批准文号：国统制〔2018〕103 号
有效期至：2019 年 12 月 31 日

区划代码：□□□□□□
________省（自治区、直辖市）
________市（区、市、州、盟）
________县（区、市、旗）
综合机关名称（盖章）：　　2017 年

指标名称	计量单位	代码	指标值
甲	乙	丙	1
一、农村人口情况	—	—	—
农户总数	户	01	
农村劳动力人口	人	02	
二、农业生产资料投入情况	—	—	—
化肥施用量	吨	03	
其中：氮肥施用折纯量	吨	04	
含氮复合肥施用折纯量	吨	05	
用于种植业的农药使用量	吨	06	
三、规模种植主体情况	—	—	—
规模种植主体数量	个	07	
规模种植总面积	亩	08	
其中：粮食作物面积	亩	09	
经济作物面积	亩	10	
蔬菜瓜果面积	亩	11	
园地面积	亩	12	
四、耕地与园地总面积	—	—	—
不同坡度耕地和园地总面积	亩	13	
其中：平地面积（坡度≤ 5°）	亩	14	
缓坡地面积（坡度 5°～ 15°）	亩	15	
陡坡地面积（坡度 ＞ 15°）	亩	16	
耕地面积	亩	17	

指标名称	计量单位	代码	指标值
甲	乙	丙	1
其中：旱地	亩	18	
水田	亩	19	
菜地面积	亩	20	
其中：露地	亩	21	
保护地	亩	22	
园地面积	亩	23	
其中：果园	亩	24	
茶园	亩	25	
桑园	亩	26	
其他	亩	27	
五、地膜生产应用及回收情况	—	—	—
地膜生产企业数量	个	28	
地膜生产总量	吨	29	
地膜年使用总量	吨	30	
地膜覆膜总面积	亩	31	
地膜年回收总量	吨	32	
地膜回收企业数量	个	33	
地膜回收利用总量	吨	34	
六、作物产量	吨	35	—
早稻	吨	36	
中稻和一季晚稻	吨	37	
双季晚稻	吨	38	
小麦	吨	39	
玉米	吨	40	
薯类	吨	41	
其中：马铃薯	吨	42	

指标名称	计量单位	代码	指标值
甲	乙	丙	1
木薯	吨	43	
油菜	吨	44	
大豆	吨	45	
棉花	吨	46	
甘蔗	吨	47	
花生	吨	48	
七、秸秆规模化利用情况	—	—	—
秸秆规模化利用企业数量	个	49	
其中：肥料化利用企业数量	个	50	
饲料化利用企业数量	个	51	
基料化利用企业数量	个	52	
原料化利用企业数量	个	53	
燃料化利用企业数量	个	54	
秸秆规模化利用数量	吨	55	
其中：肥料化利用数量	吨	56	
饲料化利用数量	吨	57	
基料化利用数量	吨	58	
原料化利用数量	吨	59	
燃料化利用数量	吨	60	

单位负责人：　　统计负责人（审核人）：　　填表人：

联系电话：　　报出日期：20 年 月 日

说明：1. 本表由县（区、市、旗）农业部门根据统计数据填报；

2. 规模种植指一年一熟制地区露地种植农作物的土地达到 100 亩及以上，一年二熟及以上地区露地种植农作物的土地达到 50 亩及以上，设施农业的设施占地面积 25 亩及以上，园地面积达到 100 亩及以上；

3. 审核关系：

（1）08=09+10+11+12；

（2）13=17+23=14+15+16；

（3）17=18+19；

（4）20=21+22；

（5）23=24+25+26+27。

农户总数 用于登记农业经营户、居住在农村且有确权（承包）土地的住户。以居住地或从事农业经营活动的生产地为原则登记。

农村劳动力人口 指乡村人口中经常参加集体经济组织（包括乡镇企业、事业单位）和家庭副业劳务的劳动力的人数之和，也指有劳动能力的农民的数量。

化肥施用量 是指 2017 年每个县（区、市、旗）实际用于农业生产的化肥实物总量，单位为吨。氮肥施用折纯量、含氮复合肥施用折纯量是把施用的不同种类氮肥或含氮复合肥按含氮百分比成分（含氮折纯率）进行折算后的数量之和，单位为吨。氮肥、含氮复合肥种类名称和含氮折纯率见表 1。

表 1　氮肥和含氮复合肥名称

氮肥	名称	尿素	碳酸氢铵	硫酸铵	硝酸铵	氯化铵	氨水	其他氮肥
	含氮折纯率	46%	17%	21%	34%	23%	16%	20%
含氮复合肥	名称	磷酸一铵	磷酸二铵	其他二元含氮复合肥	三元复合肥			
	含氮折纯率	12%	17%	14%	10%			

用于种植业的农药使用量 是指区域（以县级行政区划为单位）内 2017 年所有作物种植周期内所施用的农药实物总量，单位为吨。如果不使用任何农药，使用量均填为“0”。

规模种植主体情况 指一年一熟制地区露地种植农作物的土地达到

100 亩及以上、一年二熟及以上地区露地种植农作物的土地达到 50 亩及以上、设施农业的设施占地面积 25 亩及以上、园地面积达到 100 亩及以上，具有较大农业经营规模的农业经营主体。

不同坡度耕地和园地总面积 指耕地和园地面积之和。分别填写①平地（坡度≤ 5°以下）、②缓坡地（坡度 5°～ 15°）、③陡坡地（坡度＞15°）的耕地和园地面积。其中缓坡地的坡度 5°～ 15°是指坡度大于 5°且小于等于 15°。

耕地面积 是指用于种植农作物的土地，不包括种植茶、桑、果等多年生木本农作物的土地。包括熟地、新开发、复垦、整理地、休闲地（含轮歇地、草田轮作地）；以种植农作物为主，间有零星果树、桑树或其他林木的土地；平均每年能保证收获一季的已垦滩地和海涂；抛荒不满三年的耕地。南方宽度小于 1 米，北方宽度小于 2 米固定的沟、渠、路和田埂也算耕地。

不包括已改为鱼塘、果园、林地的土地，被工厂、公路、铁路等设施占用的土地，已退耕还林、还草或已损毁的耕地。也不包括抛荒三年以上的耕地。

林农、果农间作的土地，以种植农作物为主的按耕地计算，以果树为主的计为园地，以林地为主的计为林地。已实施国家退耕还林、还草项目并已享受补贴的，无论是否间作农作物，都不算为耕地面积。

耕地又分成水田和旱地。水田是筑有田埂（坎），经常蓄水，常年用来种植水稻、莲藕、席草等水生作物的耕地，也包括实行水旱轮作的耕地（如水稻与小麦、油菜或蚕豆等轮作）。除水田外的其他耕地统称为旱地，包括统计资料（如统计年鉴、农业普查等）所指的旱地和水浇地。

菜地面积 指露地蔬菜和保护地蔬菜面积之和。其中，露地蔬菜面积指露天种植蔬菜的面积；保护地蔬菜面积是指在露地不适宜蔬菜生长的季节，采用保护设备创造适宜的环境条件栽培蔬菜的耕地面积。例如，在寒冷气候条件下通过采用温室、温床、冷床、塑料棚等设备，创造光照、温度、水分、通风等适宜的小气候环境，种植蔬菜的面积。

园地面积 是指种植以采集果、叶、根、茎、汁为主的多年生木本或草本作物，覆盖率大于 50%，或每亩株数达到合理株数的 70% 的土地。包括果园、茶园、桑园以及其他等。

地膜生产总量 指县域内全部地膜生产企业每年实际生产的地膜总量。

地膜年使用总量 指按本年度所有覆盖地膜农田实际铺设地膜重量。调查年度里覆盖一次算一次重量。

地膜覆膜总面积 指某地区所有覆盖地膜农田的总面积（包括地膜本身覆盖的面积和操作畦间的未覆盖面积）。调查年度里覆盖一次算一次面积。

地膜年回收总量 指本年度全县通过人工或机械回收的残膜总重量。

地膜年回收利用总量 指县域内全部地膜回收企业每年能够回收加工利用的地膜总重量。

秸秆规模化利用企业数量 特指对收集离田后的秸秆加以利用的企业、合作社等经营主体的数量。

秸秆规模化利用数量 特指以企业、合作社等经营主体为单位对收集离田后的秸秆加以利用的数量。

县（区、市、旗）种植业播种、覆膜与机械收获面积情况（N201-2表）

区划代码：□□□□□□		表　　号：	N201-2表
		制定机关：	国务院第二次全国污染源普查领导小组办公室
______________省（自治区、直辖市）			
______________市（区、市、州、盟）		批准机关：	国家统计局
______________县（区、市、旗）		批准文号：	国统制〔2018〕103号
综合机关名称（盖章）：	2017年	有效期至：	2019年12月31日

指标名称	代码	指标值			
		播种面积（亩）	覆膜面积（亩）	机械收获面积（亩）	秸秆直接还田面积（亩）
甲	乙	1	2	3	4
一、粮食作物	01			—	—
其中：小麦	02				
玉米	03				
水稻	04			—	
其中：早稻	05				
中稻和一季晚稻	06				
双季晚稻	07				
薯类	08				
其中：马铃薯	09				
豆类	10			—	—
其中：大豆	11				
其他豆类	12			—	—
其他粮食作物	13			—	—
二、经济作物	14			—	—
其中：油料作物	15			—	—
其中：油菜	16				
花生	17				
向日葵	18			—	—
棉麻作物	19			—	—
其中：棉花	20				

指标名称	代码	指标值			
		播种面积（亩）	覆膜面积（亩）	机械收获面积（亩）	秸秆直接还田面积（亩）
甲	乙	1	2	3	4
糖料作物	21			—	—
其中：甘蔗	22				
甜菜	23			—	—
烟叶	24			—	—
木薯	25				
中药材	26			—	—
其他经济作物	27			—	—
三、蔬菜	28			—	—
其中：露地蔬菜	29			—	—
保护地蔬菜	30			—	—
四、瓜果	31			—	—
其中：西瓜	32			—	—
五、果园	33			—	—
其中：苹果	34			—	—
梨	35			—	—
葡萄	36			—	—
桃	37			—	—
柑桔	38			—	—
香蕉	39			—	—
菠萝	40			—	—
荔枝	41			—	—
其他果树	42			—	—

单位负责人：　　统计负责人（审核人）：　　填表人：

联系电话：　　报出日期：　20　年　月　日

说明：1. 本表由县（区、市、旗）农业部门根据统计数据填报；

2. 审核关系：

（1）01=02+03+04+08+10+13；

（2）14=15+19+21+24+25+26+27；

（3）28=29+30；

（4）33=34+35+36+37+38+39+40+41+42。

粮食作物播种面积 指谷类作物、薯类作物和豆类作物等粮食作物的播种面积。移植的作物面积，如稻谷、甘薯等，按移植后的面积计算，不计算移植前的秧苗面积。间种、混种的作物面积按比例折算各个作物的面积；如果完全混合、同步生长、收获的作物，按混合面积平均分配。复种、套种的作物，按次数计算面积，每种一次计算一次。

经济作物播种面积 指棉花、油料、糖料、烟叶、麻类、药材等的播种面积，不包括茶、桑、水果、橡胶等多年生木本经济作物。移植的作物面积，如烟叶等，按移植后的面积计算，不计算移植前的秧苗面积。间种、混种的作物面积按比例折算各个作物的面积；如果完全混合、同步生长、收获的作物，按混合面积平均分配。复种、套种的作物，按次数计算面积，每种一次计算一次。棉花不包括木棉。中药材指人工栽培的各种中药材作物，不包括野生药材。

蔬菜瓜果播种面积 根据不同的生长特点采取不同统计方法。在调查年度内，播种一次收获一次的，种一茬算一茬面积；多年生的，不论一年内收获几次，都只计算一次面积；间种、套种，按占地面积比例或用种量折算；种植在大棚等农业设施中的，如果是“立体”种植，按占地面积计算。生长在湖泊、水塘等水域中的莲藕等水生蔬菜无论是野生还是人工种植均不计算面积，只计算其在耕地上种植的面积。

果园面积 专指种植苹果、梨、葡萄、桃、柑桔、香蕉、菠萝、荔枝等果树的园地面积。

覆膜总面积 指某地区所有覆盖地膜农田的总面积（包括地膜本身覆盖的面积和操作畦间的未覆盖面积）。调查年度里覆盖一次算一次面积。棉花不包括木棉。中药材指人工栽培的各种中药材作物，不包括野生药材。

县（区、市、旗）农作物秸秆利用情况（N201-3 表）

表　　号：N201-3 表
区划代码：□□□□□□　　制定机关：国务院第二次全国污染源普查领导小组办公室
________省（自治区、直辖市）
市（区、市、州、盟）　　批准机关：国家统计局
县（区、市、旗）　　批准文号：国统制〔2018〕103 号
综合机关名称（盖章）：　　2017 年　　有效期至：2019 年 12 月 31 日

指标名称	代码	指标值				
		肥料化(吨)	饲料化(吨)	基料化(吨)	原料化(吨)	燃料化(吨)
甲	乙	1	2	3	4	5
早稻	01					
中稻和一季晚稻	02					
双季晚稻	03					
小麦	04					
玉米	05					
薯类	06					
其中：马铃薯	07					
木薯	08					
油菜	09					
大豆	10					
棉花	11					
甘蔗	12					
花生	13					

单位负责人：　　统计负责人（审核人）：　　填表人：
联系电话：　　报出日期：20　年　月　日

说明：1. 本表由县（区、市、旗）农业部门根据统计数据填报；
2. 统计范围：县（区、市、旗）辖区内秸秆规模化利用情况，特指以企业、合作社等经营主体为单位对收集离田后的秸秆加以利用的情况。

秸秆 农业生产过程中，收获了稻谷、小麦、玉米等农作物籽粒以后，残留的不能食用的茎、叶等农作物副产品，不包括农作物地下部分。这里的秸秆是指风干重，含水率≤ 15%。

秸秆规模化利用 特指以企业、合作社等经营主体为单位对收集离田后的秸秆加以利用。

肥料化利用量 本表中是指以企业、合作社等经营主体为单位通过腐熟还田、堆沤还田、生物反应堆、生产商品有机肥等形式消纳利用的秸秆量。

饲料化利用量 本表中是指规模化养殖草食畜（包括牛、羊等）所消纳的秸秆量，利用方式包括青黄贮、碱化 / 氨化、压块（包括颗粒饲料）、揉搓丝化、蒸汽爆破等。青贮秸秆按照 3 ： 1 的比例折合风干重。

基料化利用量 本表中是指以企业、合作社等经营主体为单位通过生产食用菌基质、育苗基质和其他栽培基质消纳的秸秆量。

燃料化利用量 本表中是指以企业、合作社等经营主体为单位通过固化成型、炭化、热解气化、沼气工程、发电等形式消纳利用的秸秆量。

县（区、市、旗）规模以下养殖户养殖量及粪污处理情况（N202 表）

表　　号：N202 表
制定机关：国务院第二次全国污染源普查领导小组办公室
批准机关：国家统计局
批准文号：国统制〔2018〕103 号
有效期至：2019 年 12 月 31 日

区划代码：□□□□□□
________省（自治区、直辖市）
________市（区、市、州、盟）
________县（区、市、旗）
综合单位名称（盖章）：　　2017 年

指标名称	计量单位	代码	指标值									
			生猪		奶牛		肉牛		蛋鸡		肉鸡	
				年出栏<50头		年存栏<5头		年出栏<10头		年存栏<500羽		年出栏<2000羽
甲	乙	丙	1	2	3	4	5	6	7	8	9	10
一、养殖户情况	—	—	—	—	—	—	—	—	—	—	—	—
养殖户数量	个	01										
出栏量	万头（万羽）	02			—	—			—	—		
存栏量	万头（万羽）	03	—	—			—	—			—	—
二、清粪方式	—	—	—		—		—		—		—	
干清粪	%	04										
水冲粪	%	05										
水泡粪	%	06										
垫草垫料	%	07										
高床养殖	%	08										
其他	%	09										

指标名称	计量单位	代码	指标值									
			生猪		奶牛		肉牛		蛋鸡		肉鸡	
				年出栏<50头		年存栏<5头		年出栏<10头		年存栏<500羽		年出栏<2000羽
甲	乙	丙	1	2	3	4	5	6	7	8	9	10
三、粪便处理利用方式	—	—	—		—		—		—		—	
委托处理	%	10										
生产农家肥	%	11										
生产商品有机肥	%	12										
生产牛床垫料	%	13										
生产栽培基质	%	14										
饲养昆虫	%	15										
其他	%	16										
场外丢弃	%	17										
四、污水处理利用方式	—	—	—		—		—		—		—	
委托处理	%	18										
沼液还田	%	19										
肥水还田	%	20										
生产液态有机肥	%	21										
鱼塘养殖	%	22										
达标排放	%	23										
其他利用	%	24										
未利用直接排放	%	25										

指标名称	计量单位	代码	指标值									
			生猪		奶牛		肉牛		蛋鸡		肉鸡	
				年出栏＜50头		年存栏＜5头		年出栏＜10头		年存栏＜500羽		年出栏＜2000羽
甲	乙	丙	1	2	3	4	5	6	7	8	9	10
五、粪污处理利用配套农田和林地种植/播种面积	—	—	—									
大田作物	亩	26										
蔬菜	亩	27										
经济作物	亩	28										
果树	亩	29										
草地	亩	30										
林地	亩	31										

单位负责人：　　统计负责人（审核人）：　　填表人：

联系电话：　　报出日期：20 年 月 日

说明：1. 本表由县（区、市、旗）畜牧部门根据统计数据填报；

2. 26~28 填写播种面积，29~31 填写种植面积。

养殖户数量 全县（区、市、旗）纳入普查范围的五类畜禽养殖种类对应的养殖户的总和。养殖户是指饲养数量未达到规模养殖场标准的养殖单元，其中：生猪＜500 头（出栏）、奶牛＜100 头（存栏）、肉牛＜50 头（出栏）、蛋鸡＜2 000 羽（存栏）、肉鸡＜10 000 羽（出栏）。

出栏量 饲养动物年总出栏数量，生猪、肉牛和肉鸡填写。

存栏量 饲养动物的年均存栏数量，奶牛和蛋鸡填写。

清粪方式 全县（区、市、旗）五类畜禽养殖对应的清粪工艺，人工干清粪是指畜禽粪便和尿液一经产生便分流，干粪由人工的方式收集、清扫、运走，尿及冲洗水则从下水道流出；机械干清粪是指畜禽粪便和尿液一经产生便分流，干粪利用专用的机械设备收集和运走，尿及冲洗水则从下水道流出；水冲粪是指畜禽粪尿污水混合进入缝隙地板下的粪沟，每天一次或数次放水冲洗圈舍的清粪方式，冲洗后的粪水一般顺粪沟流入粪便主干沟，进入地下贮粪池或用泵抽吸到地面贮粪池；水泡粪是指畜禽舍的排粪沟中注入一定量的水，粪汞、冲洗和饲养管理用水一并排放至缝隙地板下的粪沟中，储存一定时间待粪沟装满后，打开出口的闸门，将沟中粪水排出；垫草垫料是指稻壳、木屑、作物秸秆或者其他原料以一定厚度平铺在畜禽养殖舍地面，畜禽在其上面生长、生活的养殖方式；高床养殖是指动物以及动物粪便不与垫草垫料直接接触，饲养过程动物粪便落在垫草垫料上，通过垫草垫料对动物粪尿进行吸收处理；其他是指除以上几项以外的其他方式，需要单独注明。

粪便处理利用方式比例 填写不同粪便处理利用方式的比例。粪便处理利用方式包括委托处理、生产农家肥、生产商品有机肥、生产牛床垫料、生产栽培基质、饲养昆虫、其他、未利用直接排放。其中：垫料利用一般指牛场粪便经过固液分离、无害化处理后回用作为牛床垫料；基质利用是指畜禽粪便混合菌渣或者其他农作物秸秆，进行一定的无害化处理后，生产基质盘或基质土，应用于栽培果菜的利用方式。

污水处理利用方式比例 填写不同污水处理利用方式的比例。养殖污水处理利用方式，一般包括委托处理、沼液还田、肥水还田、生产液体有机肥、鱼池养殖、达标排放、其他利用、未利用直接排放。

配套农田和林地种植 / 播种面积 填写全县（市、区、旗）所有养殖户粪污处理利用配套农田和林地所种植作物 / 林木的名称以及相应的播种面积，果树、草地及林地等填写种植面积，大田、蔬菜和经济作物填写播种面积。

县（区、市、旗）水产养殖基本情况（N203 表）

区划代码：□□□□□□

______省（自治区、直辖市）
______市（区、市、州、盟）
______县（区、市、旗）
综合机关名称（盖章）：　　2017 年

表　　号：N203 表
制定机关：国务院第二次全国污染源普查领导小组办公室
批准机关：国家统计局
批准文号：国统制〔2018〕103 号
有效期至：2019 年 12 月 31 日

指标名称	计量单位	代码	指标值	
甲	乙	丙	养殖品种 1	养殖品种 2
养殖品种名称	—	01		
养殖品种代码	—	02		
一、池塘养殖	—	—	—	—
养殖水体	—	03	□ 1 淡水养殖 2 海水养殖	□ 1 淡水养殖 2 海水养殖
产量	吨 / 年	04		
投苗量	吨 / 年	05		
面积	亩	06		
二、工厂化养殖	—	—	—	—
养殖水体	—	07	□ 1 淡水养殖 2 海水养殖	□ 1 淡水养殖 2 海水养殖
产量	吨 / 年	08		
投苗量	吨 / 年	09		
体积	立方米	10		
三、网箱养殖	—	—	—	—
养殖水体	—	11	□ 1 淡水养殖 2 海水养殖	□ 1 淡水养殖 2 海水养殖
产量	吨 / 年	12		
投苗量	吨 / 年	13		
面积	平方米	14		
四、围栏养殖	—	—	—	—
养殖水体		15	□ 1 淡水养殖 2 海水养殖	□ 1 淡水养殖 2 海水养殖
产量	吨 / 年	16		

指标名称	计量单位	代码	指标值	
甲	乙	丙	养殖品种 1	养殖品种 2
投苗量	吨 / 年	17		
面积	亩	18		
五、浅海筏式养殖	—	—	—	—
养殖水体	—	19	□ 1 淡水养殖 2 海水养殖	□ 1 淡水养殖 2 海水养殖
产量	吨 / 年	20		
投苗量	吨 / 年	21		
面积	亩	22		
六、滩涂养殖	—	—	—	—
养殖水体	—	23	□ 1 淡水养殖 2 海水养殖	□ 1 淡水养殖 2 海水养殖
产量	吨 / 年	24		
投苗量	吨 / 年	25		
面积	亩	26		
七、其他	—	—	—	—
养殖水体	—	27	□ 1 淡水养殖 2 海水养殖	□ 1 淡水养殖 2 海水养殖
产量	吨 / 年	28		
投苗量	吨 / 年	29		
面积	亩	30		
八、养殖情况统计	个	31	—	—
规模养殖场	个	32		
养殖户	个	33		

单位负责人：　　　统计负责人（审核人）：　　　填表人：

联系电话：　　　　报出日期：20 年 月 日

说明：1. 本表由县（区、市、旗）渔业部门根据统计数据填报；

2. 如需填报的养殖品种数量超过 2 种，可自行复印表格填报；

3. 审核关系：31=32+33。

养殖品种名称、养殖品种代码 在表格内按下表填写名称和代码。

养殖品种名称与代码对应表

品种名称	品种代码	品种名称	品种代码	品种名称	品种代码	品种名称	品种代码	品种名称	品种代码
鲟鱼	S01	鳟鱼	S15	南美白对虾（淡）	S29	鲷鱼	S43	江珧	S57
鳗鲡	S02	河鲀	S16	河蟹	S30	大黄鱼	S44	扇贝	S58
青鱼	S03	池沼公鱼	S17	河蚌	S31	鲆鱼	S45	蛤	S59
草鱼	S04	银鱼	S18	螺	S32	鲽鱼	S46	蛏	S60
鲢鱼	S05	短盖巨脂鲤	S19	蚬	S33	南美白对虾（海）	S47	海参	S61
鳙鱼	S06	长吻鮠	S20	龟	S34	斑节对虾	S48	海胆	S62
鲤鱼	S07	黄鳝	S21	鳖	S35	中国对虾	S49	海水珍珠	S63
鲫鱼	S08	鳜鱼	S22	蛙	S36	日本对虾	S50	海蜇	S64
鳊鱼	S09	加州鲈鱼	S23	淡水珍珠	S37	梭子蟹	S51	其他	S65
泥鳅	S10	乌鳢	S24	鲈鱼	S38	青蟹	S52		
鲶鱼	S11	罗非鱼	S25	石斑鱼	S39	牡蛎	S53		
鮰鱼	S12	罗氏沼虾	S26	美国红鱼	S40	鲍	S54		
黄颡鱼	S13	青虾	S27	军曹鱼	S41	蚶	S55		
鲑鱼	S14	克氏原螯虾	S28	鰤鱼	S42	贻贝	S56		

养殖水体 分为 1. 淡水养殖、2. 海水养殖，在方框中填写相应序号。

产量 指同一养殖模式、同一养殖类型的养殖水体中养殖的生物满足商品规格后全部收获的产量，单位用吨 / 年表示。在同一养殖品种的不同养殖模式中，产量须对应填写。

投苗量 指养殖最初投入的水产品苗体质量，单位吨 / 年。

面积 网箱养殖模式养殖面积单位为平方米，其他养殖模式单位为亩。

体积 工厂化养殖模式填写养殖水体体积，单位为立方米。

养殖情况统计 指该县（区、市、旗）规模养殖场和养殖户分别的统计总数。规模养殖场是指经有关部门批准的具有法人资格的水产养殖场；养殖户是指除规模养殖场以外的水产养殖户或养殖单位。